佛山市建设国家森林城市系列丛书

佛山市建设森林城市诗歌集

佛山市林业局　**组织编写**

中国林业出版社

图书在版编目（CIP）数据

佛山市建设森林城市诗歌集 / 佛山市林业局组织编写 . -- 北京 : 中国林业出版社 , 2018.8
（佛山市建设国家森林城市系列丛书）
ISBN 978-7-5038-9669-9

Ⅰ . ①佛… Ⅱ . ①佛… Ⅲ . ①诗集 – 中国 – 当代 Ⅳ . ① I227

中国版本图书馆 CIP 数据核字 (2018) 第 166110 号

佛山市建设森林城市诗歌集 佛山市林业局 组织编写

出版发行：中国林业出版社
地　　址：北京西城区德胜门内大街刘海胡同 7 号

策划编辑：王　斌
责任编辑：刘开运　张　健　吴文静　　装帧设计：百彤文化传播公司

印　　刷：三河市祥达印装厂
开　　本：787 mm × 1092 mm 1/16
印　　张：4.25
字　　数：85 千字
版　　次：2018 年 12 月第 1 版 第 1 次印刷
定　　价：28.00 元

“佛山市建设国家森林城市系列丛书”编委会

《佛山市建设森林城市诗歌集》编者名单

组织出版：佛山市林业局

前言

怀揣绿色之梦，追逐绿色生态，佛山作为国内先进制造业大市，从未停止绿色发展的脚步。自创建国家森林城市以来，佛山立足本地实际，大力开展“森林扩增”“湿地汇锦”“乡村叠翠”“绿城飞花”“森动传城”五大主题行动，以城乡一体、水绿一体为方向，以工匠精神挖掘每一寸可以绿化的空间，施展独具特色的“佛山功夫”，打造了真正“佛山绿·醉岭南”的创森名片。

现在的佛山，珠水环绕，推窗见绿，处处飞花，而森林城市建设不仅要实现大地植绿，同时也要实现心中播绿。作为历史文化名城的佛山，在建设森林城市的过程中强调绿化与文化兼修，按照市委市政府 “种出文化，种出特色，与旅游相结合”的指示，突出文化引领，把弘扬生态文化、提升生态文明贯穿于森林城市建设的全过程，以丰富森林生态文化的内涵。

在此背景下，2016年由佛山市创建国家森林城市工作领导小组办公室、佛山诗社联合举办了“绿城飞花”诗歌大赛，并获得媒体和社会的广泛关注。此次活动共收到来自全国25个省、4个直辖市及美国的诗稿1000余首，深情歌咏佛山绿化建设取得的成效。这些作品足以证明佛山森林城市建设给市民群众带来了生态福祉。而在认真诵读“绿城飞花”诗歌大赛优秀作品时，万紫千红、绚丽多彩的佛山绿城画卷仿佛就在眼前展开，让人不禁心旷神怡，更将给予绿化工作者以建设绿色美好家园的强大精神动力。

为更好地宣传森林城市与“绿城飞花”建设，为佛山市创建国家森林城市建设留下印记，佛山市林业局决定将本次“绿城飞花”诗歌大赛精选出的优秀作品结集出版。希望在接下来佛山市建设粤港澳大湾区高品质森林城市过程中，有更多歌咏赞美城市绿化建设的优秀文化作品涌现。

编委会

2018年10月31日

目　录

绿城飞花诗歌大赛

来去（黄忠发）*

一朵花的归宿

我用比河流还长的光阴走过山道、栈道、驿道、官道
我曾经在恩断义绝的沙漠面前一闪即逝
也曾经在海滩被浪花吞没，然后无影无踪
可我不曾冷落过历史的每一个角落
不曾愧对太阳日复一日地陪我东升西降
最后才在这片充满佛性的土地上，被月光一一打开
于是，我的荣耀，我的卑微，我的筋骨，我的理想
连同那一路走来的万丈豪情和惊慌失措
都决定在一场盛宴之后就全部奉献给这方水土

我脱下一路风尘，躺在梵音缥缈的青灯下
聆听塔坡唱晚，聆听海口涛声鼓起古灶薪火
声声木鱼在大街小巷敲打我的前生
我毕生的色彩于是随着汾江的星光纷纷飘扬
红、白、黄、蓝、黑、紫、绿、橙、青、褐……
带上我的鲜血和骨头，在宁静的土地里生根发芽
从那以后，每个晚上的夕阳和炊烟
就各自携带着我的色彩和芳香，漫步田间、巷陌
蜜蜂和蝴蝶也时常带上彩虹，或者一块薄冰
轻易地在春天与秋天之间来回跳跃
我迎风舞蹈，在阵阵鸟声中面对佛山尽情绽放

* 括号内为作者本名。全书同。

姜华

佛山，一座开花的城

走进这座叫佛山的城市，我就是上帝
派遣的花神。我要让红色的、白色的、黄色的和
紫色的花，同黎明和太阳一起，奉旨开放
我要让它们无忧无虑地开
大朵大朵地开，小朵小朵地开

我要让姓张的开，也让
姓李的开。我要让富裕的开
贫穷的也开。我要让男人开，女人开
老人开、儿童开，脸上的皱纹也开
我命令他们幸福地开，自在地开
同这个城市一起开。日夜不停

我要让路边的开，角落的也开。我要让
苦难和忧伤也开花。身陷万花丛中
我没有理由拒绝。这些花香
我还看见，那些在空中飞翔的蝴蝶
蜜蜂和翠鸟，都是这个城市豢养的花

在佛山，那些树和花都是我的邻居、或朋友
它们都能记得我。当我每天走过街区
总能听到它们在身边轻轻唤我：绿城、绿城

乙未中秋湖景路漫步偶成

湖景楼台柳岸边，故园今夕是何年。
行吟不负黄花约，圆月秋心共此天。

曾欣兰

三角梅

在佛山，我不能说这是异域之物
南方繁衍的枝条，穿过废弃的
铁皮屋，发出阳光的掌声
花萼张扬，这是一团摇曳的焰火
那时在南美，有一片开阔地
用于你灼热地燃烧
时间又回到多年之前
你曾是布光者擎举的火种

事物都在遵循它的四季
城市的缝隙，是我们的异乡
午后的汾江河畔，你先于叶子
斜出蝴蝶的翅膀
为变异的季节，顽强地
保持着隐秘的飞翔
如故乡寂寞生长的庄稼
攀爬在向阳的山坡

王皓琳

七律·题顺德清晖园

一自新城开别境，流光滴翠满清晖。
玉兰经雨香犹冽，锦鲤衔花影欲肥。
客者有缘南北聚，雀儿无碍古今飞。
幽栖未必南山下，明月观心自可归。

霍锐锦

三角梅

开在寒冬开在盛夏
冰与火的极端时刻
你都能笑得潇洒

骨子里带刺的一种大气
火辣辣地宣示不羁
过去你很难走进一首诗
因为很少有人读懂
这逆境中的美丽

如今，多情的
城市设计师，把你
定位在公园里马路边天桥上
让你诗意般的火热风采
点燃这个圆梦的时代

绿城飞花——岭南新天地

东华里蜿蜒街巷的安静
——被这清代庄宅式府第建筑群围拢着
金钟藤和葎草在为雕花屋檐捏把汗

砖有蔓草，锅耳式山墙难得
也如此情长意浓
一树凤凰花和我邂逅相遇，很是色相
两侧的骑楼遁入一个攀援的时间
这是草本植物或半木质藤本的帝国
绿扬菁兮，适我愿兮

我有嘉宾，五爪金龙
旋花科的方言
在这为我造就了一个
诗的国度。来自民国的
白玉兰树是一个难得的知音

清水砖，红瓦片，昨日已回来
长巷短弄给我安排了小型植物群落
它们列队合奏着五弦之瑟
盛放的大叶紫薇远远在认领
我走过木趟门的本地任性

党继

禅城走笔（组诗）

花事

春天旁边的一抹笑容
被露珠追赶着
努力穿越相思

花瓣隆重地
把锋芒打开
给你看

木棉

岭南太多烟雨
你们便用蓬勃的生命
站成不枯萎的风景

从此有了火样奇丽
审视大地长空的
是一双双千年不闭的眼睛

多雨岭南生长温温柔柔诗意
多雨岭南便有热热烈烈豪情

水仙

脚步轻轻
还是
将春天
惊动了……

一天阳光
快洗洗身子

佛山白兰

翠树羞藏万点星，
春来闪放月牙明。
临风叶奏龙吟曲，
沐露花含蝶恋情。
有梦无尘荷样洁，
无争有节竹般青。
禅心一瓣幽香远，
佛手千重善意萦。
亲众白兰街市绿，
乡城通济满温馨。

李剑平

因为花朵和绿叶

因为花朵和绿叶 古城
扎根在唐诗和宋词的深处
根须的韵脚在四处延伸
繁茂着诗意的现实和理想
花朵的诗眼抹去盈眶的喜悦
总在缤纷向上的枝叶
就这样 春天的一阕经典
被情不自禁的微风轻轻地吟诵
于是 满眼枝繁叶茂的平仄
摇曳成古城的婉约和豪放
忽然 想起了园林工人
他们用闪亮的青春和汗水
为写下古城的新诗
锤炼一朵朵生动的词语

王庆绪

三角梅，开得天桥有些拥挤

稻花的香还没收割
三角梅，又抢着要开
天桥上挤满欣赏的目光
我被花堵在了秋天
一不小心，与蝴蝶撞个满怀

还有马路牙子旁，路中央隔离带
花开得人挪不动脚步
拥挤的花展不开身姿
抱怨桥建得太窄
于是，游人的脸被临时征用
三角梅恣肆地攀爬上来
舔着腮边甜甜的笑窝

整个天桥，被装扮成了花篮
只有天上，还空闲着几块白云
如果它们再停留一会
将会被熏染成一片片粉红的霞
再拾到篮子里来

我禁不住为佛山担忧
如何找到更宽广的地方储存来年

众荷喧哗

凝望中的夕阳
在木兰舟中渐行渐远
最终跌落
落叶纷飞梦境中的寂寂

断桥下每一个如烟的往事
不经意地
在翻页李清照的词中冷冷走来
风干了泪痕

在晨露的花香与雨滴滋养中
我长成了一株并蒂莲
嫣然绽放

每一个惊叹的目光
每一个“咔嚓”的镜头背后
有谁知道
那些忍耐的寂寞与悲欢
我举头
夜夜遥望
我低头
细数芬芳

梁德荣

季华路上，遇见一片红颜

车过季华路，天桥上蓦然飞出一抹红颜
那是春天拔节生长的女儿
我们叫她三角梅，或者叫紫荆、杜鹃
她们在三月的道路上翻山越岭
用红得发紫的语言说话
让绚丽的火焰和激情
静静燃烧成一丛丛风景

我听见时光停下跋涉的步伐
花影摇动，风驻足在草尖
土里的根，土里长出的芳香
藏着花芯的日子一定要过到底

有声有色的生活穿上节日的裙子
那么多的艳丽为我打开前程
开车驶过季华路，那花染的乡愁
我要在到家之前一一摘下

洪永争

绿城·水城——致里水

我把自己虚构成河里的一棵水草
水很清，梦很蓝。来回穿梭的鱼群
把一段离家出走的心事嫁接在里水的脚丫上
每年春天，一河三岸盛放着一串串五颜六色的祝福
我把自己酝酿成一艘轻快的游船
碧绿的河水，染绿了一船的笑声
在河边站了千年的月亮
等不到走散的新郎，媒人也不知所踪
我看见一场盛大的黑夜，孵化着一段绚丽的爱情
我把自己描绘成一座壮实的石拱桥
跨越一河三岸，跨越人生所有的陌生与卑微
我等待无数的脚步把我踩成一道七彩霓虹
光阴很轻，回忆很重。两岸绰绰的人影
就是岁月洗的黑白照片吧？
我把自己幻变成河埠头里的一块石头
多少年了，时光一次又一次逃逸
而河堤却守望着里水的每一个沉甸甸的秋天
江流有声，河岸情愿永远沉默
一条江的梦想有多远，也许没人知道
我蹲在柳荫下，熟习了多年，终于触摸到里水的温度

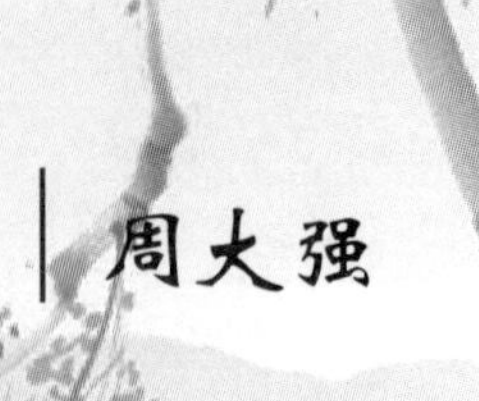

周大强

佛山，让幸福贴得更近

来到佛山，我首先想到了幸福，想到了心中
流淌着的一条欢乐的河流

风是幸福的，它放慢了脚步，吹拂着
城市里同样幸福的花草、树木以及笑容满面的市民

一颗世俗的心，应该在佛山涤荡一下
烦躁的心绪，在佛山山水的波影里寻找静谧的私语

让一尾尾游鱼为我们划开
西江、北江清澈、脱俗、薄雾缥缈的人间仙境

让我们看一看青松、柏树如何在这里
诗意的成长，如何在鸟语花香中把佛山
装扮成最美丽的心的天堂

一座山的苍茫是佛山父性的雄伟、高大
一条河的宁静便是佛山母性的温情和慈祥

走进幸福的深处，西樵大饼、甘笋蒸饼的香味
散发着生活的幽香，一座城市的文化底蕴就像
一抹流云书写的诗词

在佛山，让幸福贴在心坎上
这时，你的心中就有了苍翠的美，万物和谐的美
以及一个旅人发自肺腑的留恋和赞叹

叶权

天桥之上，用什么辽阔绿城的大美

人行天桥，盛开着多少让思绪炽烈的光芒
传承绿城的大爱，三角梅无所顾忌地一路奔放
深入季节的骨髓，淡淡的香掩埋了集结的心跳
春风弄皱湖水之前，决意来一场壮美的突破

鸟鸣把叶片打开，启封了乡愁与一个蚱蜢的走向
一坛好诗，正在季节的路上和疾风叫板

云天奔来，三角梅都能让虔诚抵达黎明的芬芳
在佛山，每一朵都站成一枚灿烂夺目的地标

将花的心事捂给盛夏，从而拥有舞蹈夕阳的繁华
花开的火苗，任禅意燃烧一个个立地成佛的晚霞

天桥的信念高于目光，无疑会指引生命迈进的方向
情感驾驭的云端，引渡了多少人生的审美？

枝头的心跳，来不及扶住阳光拥抱霞云
绿城飞花，只能留给大地母亲内心炽热的想象

从容地缱倦，青春与浓烈的朝霞将在诗意下涅槃
友谊与缘分的艳遇，也会让喧嚣的天桥静静地发芽

文字该怎样地表现，才能了结阳光心头的纠结
用青春邂逅的阳光打理，爱情总能高过舒展的妖娆

走近三角梅，它的生命是和城市连在一起的
你随便摘下一朵，都一定会攥出佛山的幸福来

在荒岛上看见绿色的河流

我本该是天上一朵闲云
那些貌似不经意的情绪
会匍匐成路、蜿蜒成河、架接成桥

大片的记忆随流水漂去
坚强的落叶留了下来
变成泥土、种子、果实和信仰

那是绿色欢欣或痛哭过的黄昏
沉默的城市无私地接纳了它们
由远而近的光影，被辗碎
又被抚摸，变成黄金
我慈祥的父亲是一位出色的舵手
风浪中航行，肃穆中死去

我要把这些无名英雄的骨灰
一一撒落在城市最高那棵树底下
那里盘根错节、山脉起伏
有夜色、有流泉、有虫鸣
是躺下去最舒服的地方……

其实我一直在一个叫荒岛的图书馆里看书
因为看见窗外雨水不停而感知了整个世界
在一片卑微的绿色中藏着奔腾不息的河流

冯金彦

花语

一

无论你从哪里来 在佛山的春天
这些三角梅总是会在城里 等你
亲人一样 你不回来它们不睡

二

你什么乡音无所谓
在佛山的街巷 你无论走到哪里
也不会有一朵三角梅拦住你
问你 从何处来

三

花香是花的语言
在佛山 不敢告诉你的是
三角梅用佛山方言的精彩演讲 我没有听懂

四

人们只知道 太重的东西抱不动
其实 太轻的东西也抱不起来
比如三角梅的美 无论我怎样努力
也没有能够把它从佛山抱走

五

三角梅太小 三角梅的一生太小
一生只够爱一个人
除了佛山 谁喊它都不会答应

六

三角梅 我和你一样 都是泥土里长大的
人不亲 土亲
无论在哪里相遇 我都叫你兄弟

胡云昌

老榕树下的古意醇香如六十度的古往今来

佛山。南海。九江。烟桥村
夕阳已熟，余晖丰腴。归燕斜穿炊烟
老榕树下的暮色还在休养生息，刻意避开浮华与喧嚣
落地一场绝版的宁静，一缕古风还在调整千年的时差

一株“树祖公”，平平仄仄地长在一座旧屋上
树干上斑驳欲落的古典与沧桑，让旧屋的门窗虚高了三分
一声蝉鸣眷恋于天空，意欲收割古树下古色古香的寂静
一片浸染了千年月色的榕树叶，钤印了这凝滞的老时光

在“国事榕”下，烟桥村的老人们煮茶论古今
民心与口碑在一盏功夫茶里沸腾，说破历史与民间的玄机
一片落叶，一场秋风，一声鸡鸣，一声犬吠……
尘世俚语，古今纵横，仿佛要把一轮落日托孤于天下

琴弦流淌，一句粤剧唱腔的细腰，婀娜了树下的光阴
写意婉转，点染白发与青丝。水袖与唱词不谋而合
一抛，一唱，就沏开了一个千年古村的一叶春天
仿佛撒开攥了一生的韶光，烟桥村就此羽化成蝶了

老榕树下，古意成熟，醇香如六十度的古往今来
过往的行人只能冥想，不敢喧哗，前世与今生醉成彼此的倒影
落叶一次次误读了夕阳，一枚枚心甘情愿成为烟桥村的书签
像展开的宣纸，释放着月影与古人，水墨着千年的长亭短亭

佛山，绿之骄子

珠江水域像一条条经脉
在珠三角的体内，纵横交合
造就了水样的佛山，如花妖娆

丰硕的水，滋养出油亮亮的绿
恣意地侵占着每一个角落
让这个充满禅意的城市
古朴之中饱含着年轻的活力

佛山一环，像一个盛大的花坛
将五区的手拉在一起，延伸的
每条道路，都是佛山的血脉
流淌着绿色的血液
那些树木多么精致，像哨兵
集结在道路两旁，或中间
生命的光芒在流动中燎原

绿色肌肤的佛山，像天之骄子
那么姣好，焕发迷人的容光
在公园，在城乡，在道路
展示茁壮而柔软的体香

杨年辉

在南国桃园

我看到盛开的红桃花，白桃花
蹑手蹑脚向天空攀行
一串花苞紧跟在下
它们是桃树
踏在春天的一串脚印

它们必定知道这个季节的秘密
在寒风凛冽时就出发
夜半，它们啄破树皮的壳
轻悄无声的脚步，把季节
踏得轰然作响
红的，粉红的，洁白的
一朵一朵，又似乎是树要说的话

今天我一家人去看桃花的时候
看到湖水涌起，云朵低垂
阳光像把刷子，一点一点
把粉红和洁白扫进天空
它们配合得那么好
仿佛做了一万年

环山湖畔的花廊

是美的展现，情的释放，
是爱的召唤，诗的吟唱。
啊，西樵环山湖畔的花廊，
覆盖在晴空下的一幅彩色图像。

金色是恋情，紫色是畅想，
白色是冥思，黄色是意象。
啊，西樵环山湖畔的花廊，
春的韵致在花丛中跳荡。

有灵动的音符，有生命的欢唱，
有甜美的笑意，有力的流淌。
啊，西樵环山湖畔的花廊，
让千年史页增添醉人的芬芳。

是爱的宣言，心的殿堂，
逗引蜂蝶恋情，湖鱼戏浪。
栽花姑娘饱满的花期，
印留在旅游者珍藏的底片上。

杨国胜

惊艳了时光

从没有一座城绿得如此醉人
从没有一座城美得如此让我心动
绿城飞花 惊艳了时光 惊艳了我

游走在缤纷的禅城里
绿城飞花 闻香醉花丛 我醉了
宫粉花下 花拂着脸颊 仿佛恋人的轻吻
风吹宫粉 仿佛飘满天花雨 绚丽多姿
日照红棉 仿佛红色的火把 照亮禅城
雨沐杜鹃 临水照花 妩媚娇艳 风姿绰约
红千层似串串红透的心事
许给禅城一个美丽的诺言

禅城花似海 越到深处越精彩
禅城花如山 横看成岭侧成峰
雾里看花 远近高低神姿仙态
缥缥缈缈 如巫山一段云
美目流盼 禅城如花如蝶

我惊叹禅城在蝶变
禅城绿得温软 禅城红得灼人
游走在缤纷的禅城里 我化蝶 蝶也化我
绿城飞花 惊艳了时光 惊艳了我
禅城呵 这就是我梦中的天堂 我的家

贾旭磊

绿满西樵山

绿是一部大书
是西樵山文化的开篇
是湛若水授学的起句

让山常青的
是清风的有氧运动
舒展的草木，也在打着南拳

云岩飞瀑，是想用水
砸出一个个坑，学着唐代曹松
栽下一些茶树

现在，我登山觅绿，看到景区人
正对五针松和香樟病虫害防治
正在大坝加固和修建水库
他们两手间，拱着一座山

那些绿，一会阳春白雪，一会桃之夭夭
一会满山红遍，一会竹海听涛
让你脚步间，横跨着一棵树

一棵穗花杉，两株三尖杉，三棵春来红
四株禾雀花……公仆林、结婚纪念林
就这样，蓊郁着，逶迤着
就这样，绿满西樵山

张广智

佛山的绿

周末
我把心情和时间搬到佛山的公园里
学鸟语，闻花香
绿色簇拥的小花叫不上来名字
仗着溪水的滋润
把记忆的鹅卵石冲回一百万年前

公园里的花平时只与流水有意
枝头颤抖了一春一夏一秋
在狰狞的冬到来之前
一瓣一瓣随风轻飏
我拧出汗水和烦心事
让绿色的梦在岁月的记忆里游弋

在问佛悟禅之余
我怀想佛山在春天时花枝招展的模样
近似旧时光里的美人
实际上
佛山只需与春天打声招呼
柳的绿和花的红明年就会再次傲视群芳

牵牛花

老公在阳台上种下一盆牵牛花
望着墙角的栏杆缓慢伸展

柔柔的藤蔓由紫红变成翠绿
渐渐占据半壁墙面
依旧顺着高墙攀援
不时还回头撩你一眼
那神情像极了独在异乡的小牛犊
只想离开父母走得远远自由自在

今朝睁眼便觉紫气东来
两朵牵牛花在晨光中笑靥粲然
仿佛小牛犊面颊上深陷的杯盏
莹莹的露珠可是她思母的泪眼
冰冷的高墙灰色的钢筋丛林瞬间柔软

老公定格了画面
小牛犊在朋友圈转发感叹
都不认识了才几个月不见
老妈说
常回家看看，这里是佛山
森林城市，我们的绿色家园

唐楠

叶一样的花

有些叶是花，有些花是叶
与众不同又自然而然

这让我想起了你
有时候你是你，有时候又不是

是的时候，你与众不同
不是的时候，你又自然而然

杨 夕

江滨路上的凤凰树

一定是风尘仆仆的信使
带来了白云久违的消息
一定是默默无闻的园丁
在我内心的空地种下了长长的绿荫
从此以后，在四季鲜明的段落里
我开始用目光反复丈量着那些殷勤的脚步

两旁的凤凰树摇曳一如既往的问候
唤醒了古镇昔日的荣光
当我爱上你的时候
岁月终于可以为你留下难忘的年轮
当我思念你的时候
时光便能够在记忆中吐出惊喜的新芽

江滨路上鲜花怒放的盛夏
我内心的翅膀刚好飞越了城市繁华的上空
如果脚下的道路依然在无限地延伸
我总会把希望装进周而复始的生活
如果追求是生命唯一的方向
我愿意与那些辛勤的身影一起
成为你传奇里最平实的章节……

在佛山

我已经站成它们标致 e 族
离幸福最近的人，深呼吸
一个女孩抱着陶瓷和鲜花
从铺满绿荫的街道上走过
绿色也作为信息
在拉紧的生活层面上向远方传达

在佛山，视线所及皆故乡
一样的蓝天、白云、流水
一样的绿树、鲜花、房舍
当一个老头怀抱树木已习以为常
仙音轻绕里，佛山，哪一天不新鲜?
哪一次生命不震颤?

这绿光连着绿光，接通乡村和城市接通天堂
在佛山，你遇见南方佳木，遇见街角的一抹红
遇见树叶间的鸟鸣
把爱情写满大地和天空
在这里，绿色可以用秤称量
花香可以用一座城市盛装
人的生命不用花钱就能延寿

绿岛

一株株郁郁苍苍的大树
如一把把撑开的巨伞
浓荫下整洁的石台石凳
围着张张舒心的笑脸……
川流不息的马路环绕四周
如滔滔江河扬起帆影片片
小镇上美丽的街心公园
多像如画的绿岛意趣盎然

顺峰山游分韵得“西”字

点点晨曦洒曲堤，浮莲香透顺峰西。
晴光影里知谁俏，人立清风竹映溪。

蝶恋花·绿韵佛山

鸟语花香湖水浅，杨柳轻盈，日暮灯千盏。水映夕阳三两片，落霞飞舸微波散。

曲径通幽千古殿，郁郁葱葱，听雨云泉馆。叠翠樵山风韵软，钟灵毓秀伊人恋。

李如意

鹧鸪天·偶过三水荷花世界

燕子归来日渐温，远山接水架溪云。一排老柳穿长袖，两岸新荷系短裙。

云渐拢，月将昏，石桥偶遇动心魂。霞衣素影初相见，有种情怀似故人。

临江仙·佛山绿韵

出外银装染绿，归来香袖牵蜂。桥边烟柳翠千重。绦掀轻浪碧，霞共野花红。

何得芳城春韵？全凭时雨清风。明朝邀友醉朦胧。石湾听鸟语，祖庙赏青松。

曹杰

绿城花事

佛山五地四时春，花事纷繁日日新。
十丈白兰馨醉月，万株古木绿怡人。
小桥流水琼枝茂，街巷知交曲径荫。
过午檐前一梦后，无心红雨满衣襟！

行香子·印象佛山

绮梦萦牵，远客流连。非尘境、恍做神仙。平明润色，向晚生禅。赖水无垠，山无际，翠无边。

枝头鸟语，波中鱼戏，惹吟魂、清兴充然。一城风采，四季花嫣。自也颐身，也颐志，也颐年。

咏佛山绿化

枕山依水起林泉，众手新描珠玉篇。
夹道绿阴红一抹，动人心处在天然。

廖育

秋日郊游有感年来城市变化

禅城微雨桂城秋，衣马芳尘接俊游。
草色连云生水岸，湖光照影入山楼。
日斜天畔群飞鸟，渡远林西不系舟。
最爱年来新景气，王孙无事好淹留。

郭志文

苏幕遮·咏佛山市人行天桥三角梅

叶摩肩，花挽手。娇蕊含羞，引得行人嗅。日照霞衣香自透。蜂蝶争飞，色酽黄昏后。

月臻明，灯渐瘦。暗许芳心，桂魄遥知否？且寄相思参北斗。不恋红尘，只把流莺守。

附录

十二个市级"绿城飞花"花色景观主题写照

南海狮山佛山植物园（作者：梁国荣）

云勇森林公园（作者：罗礼文）

高明云勇森林公園
丁酉夏南海禮文畫

亚艺文化公园（作者：梁建华）

东平河北岸（作者：梁建华）

半月岛湿地公园（作者：何次联）

半月島濕地公園 歲次丁酉立秋

南海西樵山环山花海（作者：梁国荣）

展旗楼（作者：曹毅强）

顺德桂畔湖（作者：江显蛟）

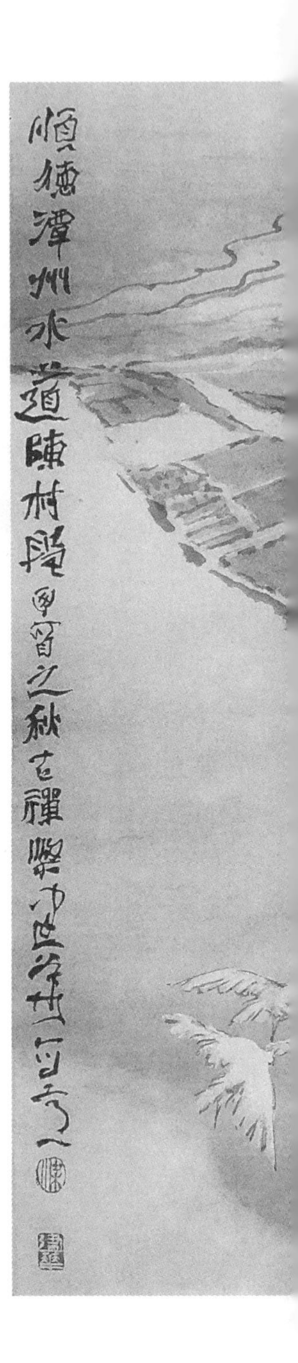

龙舟广场（作者：何次联）

顺德潭州水道陈村段（作者：梁建华）

南蓬山森林公园（作者：罗礼文）

三水新城（作者：梁国荣）